Luiz Gustavo Batista Ferreira
Felipe Puff Dapper

Agroclimatologia Aplicada

Luiz Gustavo Batista Ferreira
Felipe Puff Dapper

Agroclimatologia Aplicada

ScienciaScripts

Imprint
Any brand names and product names mentioned in this book are subject to trademark, brand or patent protection and are trademarks or registered trademarks of their respective holders. The use of brand names, product names, common names, trade names, product descriptions etc. even without a particular marking in this work is in no way to be construed to mean that such names may be regarded as unrestricted in respect of trademark and brand protection legislation and could thus be used by anyone.

Cover image: www.ingimage.com

This book is a translation from the original published under ISBN 978-620-6-17751-7.

Publisher:
Sciencia Scripts
is a trademark of
Dodo Books Indian Ocean Ltd. and OmniScriptum S.R.L publishing group

120 High Road, East Finchley, London, N2 9ED, United Kingdom
Str. Armeneasca 28/1, office 1, Chisinau MD-2012, Republic of Moldova, Europe
Printed at: see last page
ISBN: 978-620-6-67942-4

ANÁLISE DE RISCOS DE PERÍODOS DE ESTIAGEM PARA A CULTURA DA SOJA EM REGIME DE SEQUEIRO NO ESTADO DO PARANÁ

RESUMO

Luiz Gustavo Batista Ferreira[1] ; Felipe Puff Dapper[2]

A produtividade da soja, em áreas de sequeiro, é mais dependente das condições climáticas. O objetivo deste trabalho foi realizar a análise dos períodos de estiagem para o ciclo da cultura da soja no Oeste do Paraná. Os dados pluviométricos necessários para a análise são provenientes das estações meteorológicas, distribuídas no Oeste do Estado do Paraná, com períodos de dados diários de 1976 a 2022. Esta análise consistiu na verificação das probabilidades de ocorrência de dias secos consecutivos como conseqüência da variabilidade e distribuição da precipitação pluvial. As estiagens ocorridas durante esse período, conhecidas como períodos de seca ou períodos de estiagem, foram identificadas em uma sequência de dez dias sem chuvas durante o ciclo da cultura, assim, as análises de frequência foram realizadas por escalas móveis de 10 dias (1º de setembro[st] a 10th ; 2º de setembro[nd] a 11th ; 3º de setembro[rd] a 12th e assim sucessivamente. Durante o ciclo da cultura da soja, o maior risco ocorre nos meses de setembro, fevereiro e março, porém em fevereiro e março a cultura já está em senescência. A semeadura é recomendada no mês de outubro, para garantir eficiência na emergência e estabelecimento.

PALAVRAS-CHAVE: Riscos climáticos. Análise estatística. Tomada de decisões.

INTRODUÇÃO

A produtividade da soja, em áreas de sequeiro, é mais dependente das condições climáticas (FERREIRA, 2017; FERREIRA et al., 2020). Períodos de estiagem durante estádios fenológicos críticos da soja (floração e desenvolvimento de grãos) podem promover quebras de produtividade devido às condições hídricas, assim, informações que apontem os riscos de ocorrência de períodos de estiagem são importantes para a tomada de decisão e para estudos agrometeorológicos (FERREIRA et al., 2020).

OBJECTIVOS

O objetivo deste estudo foi realizar a análise dos períodos de estiagem para o ciclo da cultura da soja no Oeste do Paraná.

MATERIAIS E MÉTODOS

Área de Estudo: O estado do Paraná está localizado no Sul do Brasil e possui uma área de 199.315 km² e apresenta uma variação topográfica de 0 m a 1800 m (Figura 1). Além disso, o Paraná está localizado em área de transição climática e este fato é responsável pela variabilidade climática regional (CALDANA et al., 2022).

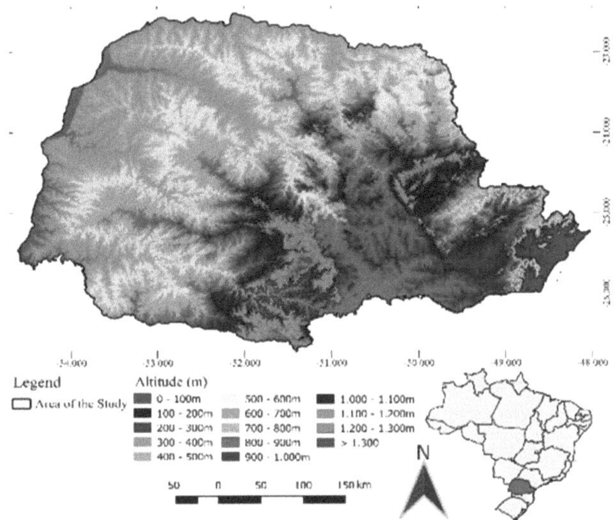

Figura 1. Estado do Paraná e a variação da topografia

O Oeste do Estado do Paraná possui um clima Cfa segundo a classificação climática de Köppen, com irregularidades na distribuição das chuvas (FERREIRA et al., 2020). A localização das estações utilizadas para análise são em Terra Roxa, Toledo, Matelândia e Santa Lúcia.

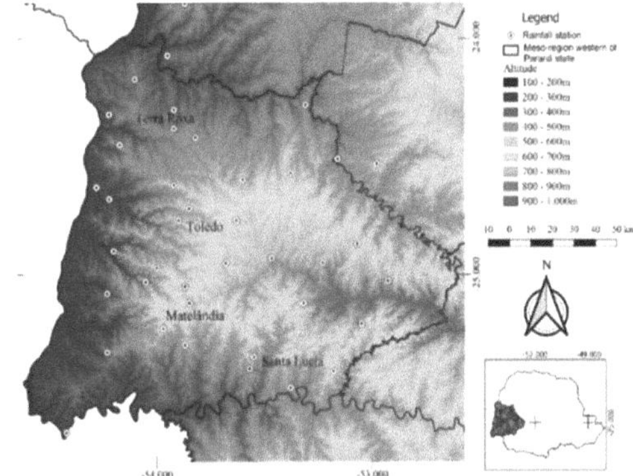

Figura 2 - Localização das Estações Meteorológicas para este estudo

Estações meteorológicas: Os dados pluviométricos necessários para a análise são provenientes das estações meteorológicas mostradas na Figura 2. Elas estão distribuídas no Oeste do Estado do Paraná, com períodos de dados diários de 1976 a 2022. Parte de Terra Roxa, Toledo e Matelândia estão localizadas na Bacia Hidrográfica do Rio Paraná 3, área de destaque na agricultura paranaense.

Análise dos períodos de seca: Esta análise consistiu na verificação das probabilidades de ocorrência de dias secos consecutivos em consequência da variabilidade regional e da distribuição da precipitação. É de salientar que foram considerados eventos de precipitação aqueles com pelo menos 1 mm.

Períodos consecutivos de 10 dias sem chuva: A soja é cultivada no Estado do Paraná no período de setembro a março, com diferenças no ciclo em função da data de semeadura e da temperatura. As estiagens nesse período, conhecidas como períodos de seca ou estiagens, foram identificadas em uma sequência de dez dias sem chuvas durante o ciclo da cultura. As avaliações consistiram na determinação das frequências do número de períodos consecutivos de 10 dias sem chuva. As análises de frequência foram efectuadas através de uma escala móvel de 10 dias (1 de setembro[st] a 10th ; 2 de setembro[nd] a 11th ; 3 de setembro[rd] a 12th e assim sucessivamente. Este procedimento evita a omissão de períodos consecutivos de escalas de 10 dias sem precipitação que poderiam ocorrer quando se consideram apenas os decis 1-10, 11-20 e 20-30 de cada mês. Numa dada série de dados analisada existe uma tendência temporal de variação estatisticamente significativa.

RESULTADOS E DISCUSSÃO

10 dias consecutivos sem precipitação

As freqüências relativas dos períodos de seca móvel de 10 dias apresentam variação de 3 % a aproximadamente 35 % entre os meses de setembro e março no Oeste do Estado do Paraná. Os períodos com menor risco são no mês de outubro, seguido de 10 de dezembro a 5 de janeiro. Os maiores riscos de ocorrência de períodos de estiagem concentram-se na primeira quinzena de setembro, com picos acima de 30 %.

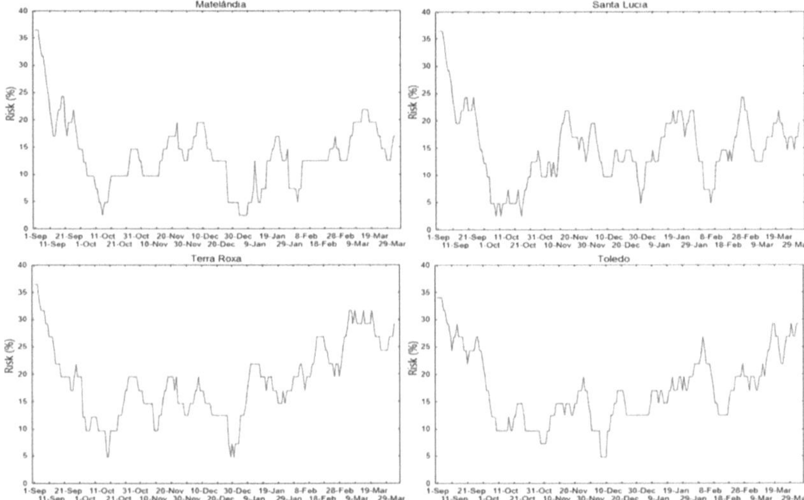

Figura 3 - Frequência de ocorrências de períodos secos, em decêndios entre setembro a março no Oeste do Estado do Paraná, Brasil.

No período de dezembro a janeiro a soja encontra-se nos estádios fenológicos reprodutivos nesta região. Nas fases de floração, formação de grãos a soja tem considerável necessidade de água (FERREIRA, 2017). Durante esses dois meses, o risco varia de 5 a 25 %, porém, é menor do que nos meses de novembro, fevereiro e março. No mês de janeiro houve poucas ocorrências de períodos de estiagem de 10 dias, destacando-se a estação de Terra Roxa com um risco significativo, enquanto as estações de Santa Lúcia e Matelândia, localizadas no Sul da região, apresentaram as menores frequências.

Na segunda quinzena de janeiro há risco de períodos de seca, com variabilidade de 10 a 20 %, porém, nesta época, a soja já está em maturação fisiológica, dependendo da época de semeadura, que é realizada entre o final de setembro e meados de outubro, dependendo da disponibilidade hídrica. O risco aumenta nos meses de fevereiro e março, mas coincide com a senescência e a colheita.

O risco tende a zero para durações de 30 a 40 dias sem chuvas. Essas ocorrências foram poucas no período em que as lavouras de soja estão no campo na estação de Matelândia, usada como exemplo. Três das ocorrências foram em março, período de colheita tardia, não apresentando risco para a cultura da soja.

A soja pode produzir com um déficit hídrico máximo de 60 mm ao longo do ciclo. Um deles, sendo o mais severo, ocorreu praticamente durante todo o mês de setembro, com precipitação acumulada de 1,1 mm, indicando mais uma vez a importância de se ajustar o período de semeadura para o mês de outubro (FERREIRA, 2017; FERREIRA et al., 2020).

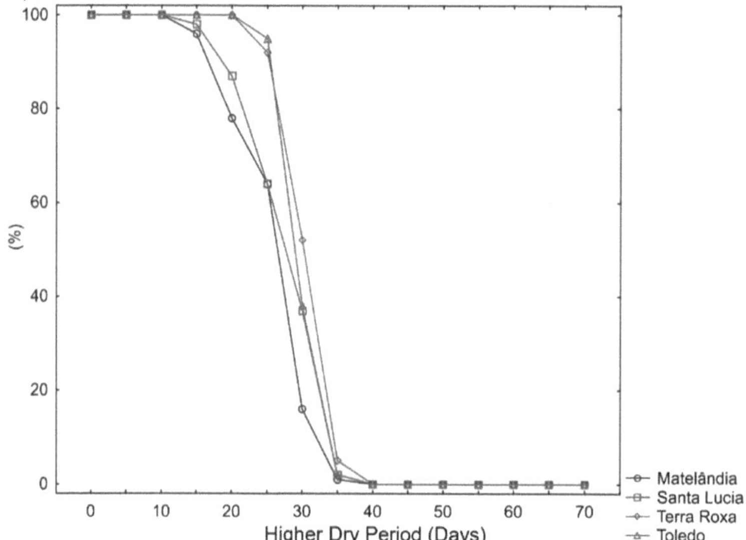

Figura 4. Probabilidade de riscos acumulados do período das maiores secas anuais na Meso-região Oeste, de acordo com a distribuição dos extremos

CONCLUSÃO

Durante o ciclo da cultura da soja, o risco mais elevado ocorre nos meses de setembro, fevereiro e março, embora em fevereiro e março a cultura já esteja em senescência.

A sementeira é recomendada no mês de outubro, para garantir a eficácia da emergência e do estabelecimento.

Além disso, o período de floração e desenvolvimento dos grãos ocorre entre dezembro e janeiro, onde também há menor risco de deficiência hídrica no Oeste do Paraná.

REFERÊNCIAS

ASSIS, F. N. et al. **Aplicações de estatística à climatologia: teoria e prática.** Pelotas: UFPel, 1996. 161 p.

CALDANA, Nathan Felipe da Silva et al. Frequência e intensidade pluviométrica e a relação com El Niño-Oscilação Sul na Mesorregião Noroeste Paranaense, Brasil. **Revista Brasileira de Geografia Física** v.13, n.04 (2020) 1537-1557. Disponível em: < https://www.researchgate.net/publication/343225496_Frequencia_e_In tensidade_Pluviometrica_e_a_Correlacao_com_El_NinoOscilacao_Sul _na_Mesorregiao_Noroeste_Paranaense_Brasil> Acesso em: 1 jun. 2023

CALDANA, Nathan Felipe da Silva et al. Análise de precipitação e veranico no Estado do Paraná, Brasil - Estudo de caso no mês de abril de 2021. Revista Brasileira de Climatologia, **Revista Brasileira de Climatologia**, Dourados, v. 31, Jul. / Dez. 2022. Disponível em https://www.researchgate.net/publication/364458895_Analise_da_Pre cipitacao_e_de_Veranico_no_Estado_do_Parana_Brasil_-_Estudo_de_Caso_do_Mes_de_Abril_de_2021 Acesso em: 1 jun. 2023

FERREIRA, Luiz Gustavo Batista. **Disponibilidade hídrica e produtividade de soja no oeste do Paraná.** Londrina: Dissertação de Mestrado, 2017. Disponível em < https://sucupira.capes.gov.br/sucupira/public/consultas/coleta/trabalh oConclusao/viewTrabalhoConclusao.jsf?popup=true&id_trabalho=50 16795>. Acesso em: 1 jun. 2023

FERREIRA, Luiz Gustavo Batista et al. Variabilidade da precipitação pluvial e análise de riscos de períodos de seca durante a cultura da soja (*glycine max l.*) no oeste do estado do Paraná, Brasil. **Revista Brasileira de Climatologia**, ano 16, vol.27, 2020. Disponível em: <https://www.researchgate.net/publication/344799788_Rainfall_Varia bility_and_Analysis_of_Droughts_Periods_Risks_During_the_Soybea n_Crop_Glycine_max_L_in_the_Western_of_Parana_State_Brazil> Acesso em: 7 jun. 2023

APLICAÇÃO DO PROGRAMA DSSAT: UMA REVISÃO COM ÊNFASE NA SAFRA DE SOJA DE 2013/2014

RESUMO

O programa DSSAT, Sistema de Suporte à Decisão para Transferência de Agrotecnologia, é utilizado para simular produções de culturas para verificar, por exemplo, a melhor época de semeadura. O objetivo deste trabalho foi realizar uma demonstração do programa DSSAT, com ênfase na safra específica de soja do ano de 2013/2014. As principais informações adicionadas à plataforma DSSAT para a localidade de Londrina (PR) foram data de semeadura, precipitação pluviométrica, irrigação, tratamentos e solo. O estudo específico para demonstrar a importância do DSSAT, foram utilizadas cinco condições iniciais, semeando nas seguintes datas 18/10/2013, 14/11/2013, 01/12/2013, 15/12/2013 e 30/12/2013, sendo consideradas como P1, P2, P3, P4 e P5, respetivamente. O DSSAT foi lançado em 1998 e desde então esse programa é uma ferramenta notável para uso em experimentos para contribuir com a ciência, auxiliando na tomada de decisões em campos.

PALAVRAS-CHAVE: Experimentos; cultura da soja; datas de semeadura; simulações.

INTRODUÇÃO

A data de semeadura é um fator marcante para o sucesso da cultura ou falhas de produtividade, pois resulta em mudanças nas relações hídricas, como temperatura, fotoperíodo e radiação solar disponível para a cultura da soja, assim, a semeadura na melhor época pode aumentar a produtividade devido ao fotoperíodo e temperatura para as cultivares, além disso, os melhores momentos para a semeadura podem evitar riscos de períodos de estiagens (MEOTTI et al., 2012; FERREIRA et al., 2020).

O DSSAT, Sistema de Suporte à Decisão para Transferência de Agrotecnologia, é utilizado para simular produções de culturas para verificar, por exemplo, a melhor época de semeadura (BATTISTI, BENDER; SENTELHAS, 2019). Nesse contexto, o DSSAT pode ser aplicado, por exemplo, à cultura da soja, considerada a mais importante para o Brasil (FERREIRA et al., 2020).

O software DSSAT foi lançado pela primeira vez em 1998 e o programa é utilizado para estimar a produção, a utilização dos recursos e os riscos associados a diferentes práticas de produção vegetal e tem como objetivo principal ajudar o agricultor na tomada de decisões complexas no terreno (TSUJI; HOOGENBOON; THORTON, 1998).

Battisti, Brender, Sentehas (2019) utilizaram o Sistema de Transferência de Agrotecnologia (DSSAT) para a modelagem da soja no Brasil, segundo os autores, o uso do DSSAT pode estar transformando informações em conhecimento útil para aplicação na agricultura, além disso, mostrando significativa contribuição para os avanços científicos e tecnológicos.

OBJECTIVOS

O objetivo deste trabalho foi realizar uma revisão de literatura, com ênfase na cultura específica da soja do ano de 2013/2014, a fim de demonstrar a aplicação prática do programa DSSAT.

MATERIAIS E MÉTODOS

É de salientar que foi escolhida, para este estudo, a época de colheita (2013/14) devido ao facto de todos os dados necessários estarem facilmente disponíveis, além disso, esta época de colheita apresenta informações didácticas para comparar os resultados observados desta época de colheita e a simulação.

Os resultados da simulação, no entanto, podem ser aplicados em quaisquer outras épocas de colheita. Para isso, recomenda-se a simulação de pelo menos 30 anos de safras para obter um resultado científico consistente, mas este estudo tem como objetivo apenas compreender a aplicação do DSSAT.

Os dados necessários para a simulação foram a sementeira, a precipitação, a rega, os tratamentos e o solo. É de salientar que este programa pode ser descarregado como freeware. Seguem-se os passos necessários para criar uma simulação utilizando o programa DSSAT.

a) **Área de estudo: Localização da experiência e das estações meteorológicas**

O estado do Paraná, localizado no sul do Brasil, possui uma área de 199.315 km², sua topografia apresenta altitudes de 0 m a 1.800 m (NITSCHE, 2019). O município de Londrina, norte do estado do Paraná, está localizado sob o Trópico de Capricórnio e encontra-se em uma área de transição climática. A classificação climática segundo os parâmetros da classificação climática de Köppen é cfa, ou seja, clima Subtropical, com verão quente, atingindo temperatura média no mês mais frio abaixo de 18°C e temperatura média no mês mais quente acima de 22°C e sem estação seca definida (NITSCHE, 2019).

b) Dados meteorológicos: Para utilizar na simulação DSSAT

Para este estudo, foram utilizados dados da estação meteorológica localizada em Londrina, Paraná. Os dados meteorológicos são as principais entradas do experimento de campo nos modelos de cultura. Recomenda-se a utilização de dados pluviométricos do site da Nasa Power para garantir precisão e ótima informação.

RESULTADOS E DISCUSSÃO

a) Experiência de campo: Cultivar, datas de sementeira, fertilidade do solo e irrigação

A informação da experiência de campo relativa à gestão das culturas, como a data de plantação, a irrigação, o espaçamento entre linhas, a população de plantas e a cultivar, é essencial para a simulação DSSAT.

Para o exemplo da safra de soja 2013/2014, foram utilizadas cinco condições iniciais, semeadura em 18/10/2013, 14/11/2013, 01/12/2013, 15/12/2013 e 30/12/2013, sendo P1, P2, P3, P4 e P5, respetivamente. Para cada data, foram utilizados 75% da água disponível e 10 kg/ha de Nitrogênio. O solo foi considerado argiloso. A cultivar escolhida é do grupo de maturidade 6, para ser utilizada nas simulações de P1 a P5.

Para a irrigação, foram escolhidas várias datas para P1 a P5; o modo de funcionamento é por gotas, com a unidade dada em mm. Para o tratamento, considerou-se que, para cada plantação de P1 a P5, seriam utilizados o modo "sequeiro" e o modo "regadio".

b) Informações observadas nas experiências

Os dados observados foram utilizados para os 10 experimentos (P1 a P5, onde foram analisados os cultivos de sequeiro e irrigado para cada um deles). Uma vez que a compilação dos dados é realizada novamente, temos como resultado a série temporal descrita na Figura 1.

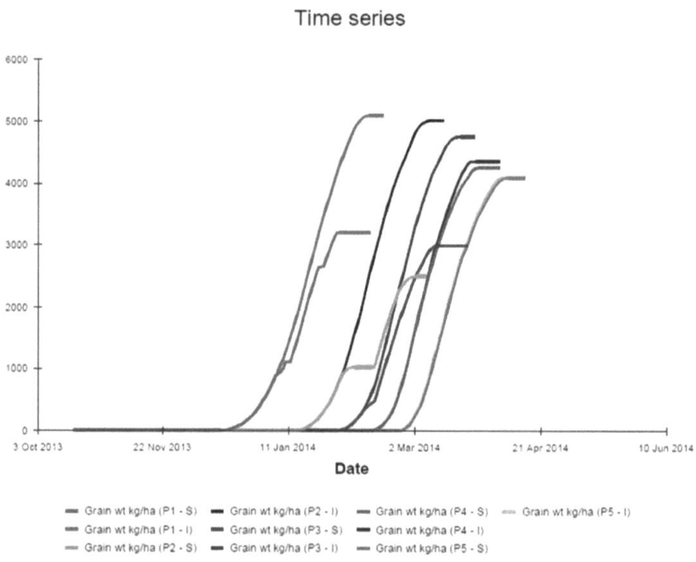

Figura 1. Desenvolvimento dos grãos de soja. O eixo y indica a produtividade da soja (kg.ha^{-1}) e o eixo x a data dos experimentos (P1-P5), onde I significa experimento irrigado e S, experimento de sequeiro.

As melhores datas de semeadura foram P1 (semeada em 18/10/2013) para os sistemas de produção com e sem irrigação. No experimento P1, a simulação de irrigação mostrou aproximação de 5.500 kg.ha^{-1} e 3.500 kg.ha^{-1} para o experimento sem irrigação. Cerca de 60 dias após a semeadura, a soja encontra-se no estádio fenológico de desenvolvimento de grãos e é considerado um período crítico para a cultura da soja, conforme resultados dos autores Ferreira et al. (2020) e isso explica a diferença verificada para os experimentos com irrigação

(I) e de sequeiro (S). O experimento P2 (semeado em 14/11/2013) apresentou resultado semelhante ao P1 para irrigação (I), porém, para sequeiro (S) o experimento P2 foi verificado como inferior a 3.000 kg.ha^{-1}.

Uma observação marcante é nos experimentos P4 (semeado em 15/12/2013) e P5 (semeado em 30/12/2013). Nestas datas, observou-se um resultado semelhante para a época de cultivo para os experimentos de irrigação (I) e sequeiro (S), cerca de 4.600 kg.ha^{-1} e 4.300 kg.ha^{-1} , respetivamente.

Esta informação pode ser muito útil ao agricultor para a tomada de decisão, por exemplo, semear nestas datas para obter uma safra bem sucedida, caso o agricultor não possua sistema de irrigação, ele deve semear em 15/12/2013. Caso o agricultor tenha condições de auxiliar o sistema de irrigação, o melhor período para semear a soja foi em P1 (18/10/2013). Assim, mesmo com riscos de períodos de estiagem em novembro e dezembro, durante os estádios fenológicos críticos de desenvolvimento dos grãos de soja, a irrigação pode suprir as necessidades hídricas para a fisiologia das plantas de soja (FERREIRA et al., 2020). Além disso, foram verificados os índices de colheita para os experimentos com irrigação e sequeiro.

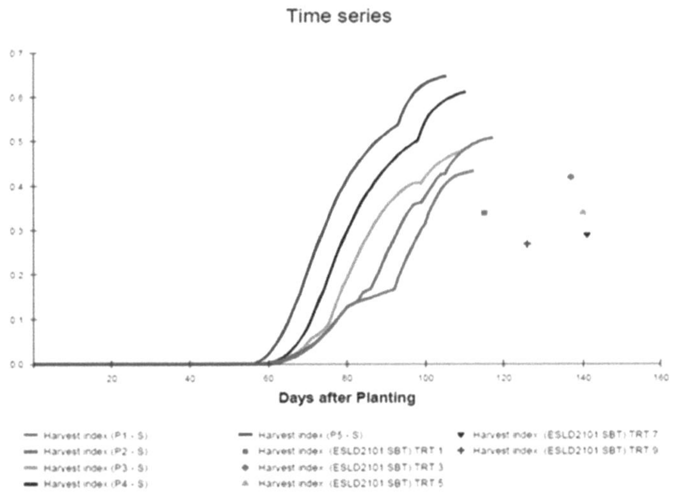

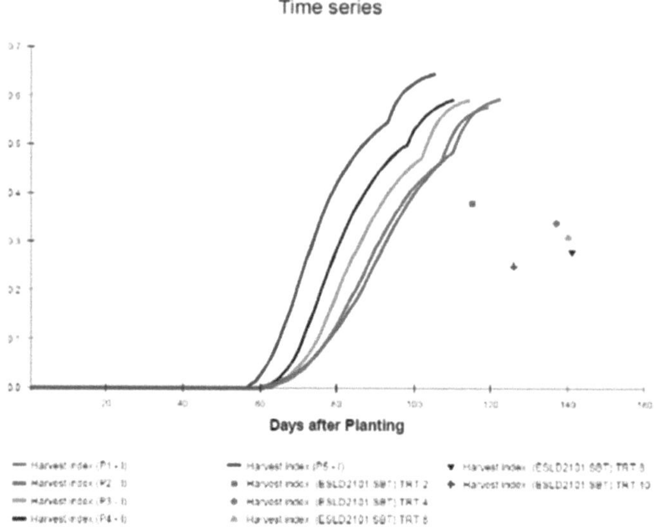

Figura 2. Índice de colheita comparando os resultados simulados com os observados, para P1 a P5. À esquerda estão as experiências sem irrigação e, à direita, as experiências com irrigação.

O índice de colheita é a relação entre o rendimento de grãos e o rendimento biológico total da planta e este parâmetro é muito importante para o melhoramento de novas cultivares de soja (JHONSON; MAJOR, 1979).

Como foi utilizada a mesma cultivar de entrada na simulação do DSSAT (grupo M 6), a diferença verificada para cada experimento (irrigação e sequeiro) é explicada devido à diferença de dados de semeadura da soja. Vale ressaltar que as linhas coloridas referem-se à simulação e os pontos coloridos, ao real observado, para ambos os gráficos da Figura 2.

Observando a Figura 2, é possível admitir que a data de semeadura interfere no índice de colheita, como verificaram Jhonson e Major (1979). Para o experimento simulado de sequeiro (esquerda), as semeaduras tardias P5 (30/12/2013) e P4 (15/12/2013) exibem o maior índice de colheita, enquanto as semeaduras precoces (P1, P2 e P3) apresentaram menor índice de colheita e para o observado, foi verificado o inverso, a P5 apresentou maior índice de colheita enquanto a P1, o menor índice de colheita. Observação semelhante pode ser possível verificar para o experimento irrigado. O P5 apresentou maior índice de colheita para o simulado e menor índice para o observado e, no entanto, o P1 apresentou alto índice de colheita tanto para o experimento simulado quanto para o observado.

CONCLUSÃO

O software DSSAT é uma ferramenta notável para utilizar em experiências que contribuam para a ciência e para os domínios, ajudando na tomada de decisões. O utilizador, no entanto, deve ter cuidado com o procedimento metodológico para obter os dados necessários.

REFERÊNCIAS

BATTISTI, Rafael; BENDER, Fabiane Denise; SENTELHAS, Paulo Cezar. Avaliação de diferentes dados meteorológicos gridded para simulações de produtividade de soja no Brasil. **Climatologia Teórica e Aplicada** 135, 237-247 (2019). Disponível em https://doi.org/10.1007/s00704-018-2383-y Acesso em: 7 jun. 2023

FERREIRA, Luiz Gustavo Batista, CALDANA, Nathan Felipe da Silva; MARTELÓCIO, Alan Carlos; COSTA, Angela Beatriz Ferreira da; NITSCHE, Pablo Ricardo ;
CARAMORI, Paulo Henrique . Variabilidade da precipitação pluviométrica e análise de riscos de períodos de seca durante a cultura da soja (*glycine max l.*) no oeste do estado do Paraná, Brasil. **Revista Brasileira de Climatologia**, ano 16, vol.27, 2020. Disponível em: <https://www.researchgate.net/publication/344799788_Rainfall_Varia bility_and_Analysis_of_Droughts_Periods_Risks_During_the_Soybea n_Crop_Glycine_max_L_in_the_Western_of_Parana_State_Brazil> Acesso em: 7 jun. 2023

JHONSON, D.R; MAJOR, D.J. Harvest Index of Soybeans as Affected by Planting Date and Maturity Rating. **Agronomy Journal**, v.71, 1979. Disponível em https://www.researchgate.net/publication/250101055_Harvest_Index_of_Soybeans_as_Affected_by_Planting_Date_and_Maturity_Rating1 Acesso em 15.jun 2023

MEOTTI, Giovane Vanin et al. Épocas de semeadura e desempenho agronômico de cultivares de soja. **Pesquisa Agropecuária Brasileira**, v.4, p.14-21, 2012. Disponível em: <https://www.bdpa.cnptia.embrapa.br/consulta/busca?b=ad&id=930612&biblioteca=vazio&busca=(autoria:%22BENIN.%20G.%22)&qFacets=(autoria:%22BENIN.%20G.%22)&sort=&paginacao=t&paginaAtual=1> Acesso em: 7 jun. 2023

NITSCHE, Pablo Ricardo et al. **Atlas Climático do Estado do Paraná**. Londrina, PR: IAPAR, 2019. Disponível em: <https://www.idrparana.pr.gov.br/Pagina/Atlas-Climatico> Acesso em: 5 jun. 2023

TSUJI, Gordon; HOOGENBOOM, Gerrit; THORNTON, Philip. **Understanding Options for Agricultural Production**. Springer Science Business Media, 1998. Available in: https://link.springer.com/book/10.1007/978-94-017-3624-4 Acesso em: 7 jun. 2023

ANÁLISE CLIMATOLÓGICA DA VARIABILIDADE DAS CHUVAS NO OESTE DO ESTADO DO PARANÁ

RESUMO

O objetivo deste estudo foi realizar a avaliação da variabilidade da precipitação pluvial, visando contribuir com informações na região Oeste do Estado do Paraná, Brasil. O banco de dados foi composto por dados pluviométricos diários de 50 estações, provenientes das estações meteorológicas do IDR Paraná, Instituto Nacional de Meteorologia (INMET), Agência Nacional das Águas (ANA) e Sistema Meteorológico do Paraná (SIMEPAR). A localização das estações utilizadas para análise são em Terra Roxa, Toledo, Matelândia e Santa Lúcia, com períodos homogêneos de observação de dados diários, de 1975 a 2021. A variabilidade da precipitação foi explorada através do Box Plot. O gráfico foi criado com o programa Statistica®. Para verificar o impacto do ENOS, foi utilizada a base de dados do Oceanic Niño Index (ONI) para verificar os principais anos de ocorrência de El Niño forte ou La Niña forte, a fim de comparar a variabilidade causada pelo ENOS na precipitação. A precipitação pluviométrica, no Oeste do Estado do Paraná, é influenciada principalmente pela topografia, altitude e avanço dos sistemas atmosféricos. As maiores variabilidades da precipitação são explicadas pela influência do fenômeno ENOS.

PALAVRAS-CHAVE: Climatologia. Estatísticas. Índice Niño Oceânico

INTRODUÇÃO

As chuvas são o elemento mais importante e o atributo meteorológico mais significativo nas áreas tropicais e subtropicais, onde sua distribuição variável e ocorrências de períodos extremos entre secas e chuvas em excesso (CALDANA et al., 2020; FERREIRA et al., 2020). O estudo dos fenômenos climáticos pode contribuir para melhorias na tomada de decisões socioeconômicas, minimizando impactos (CALDANA et al., 2022).

De acordo com Ferreira (2017), dentre os fenômenos climáticos responsáveis pela variabilidade das chuvas no sul do Brasil está o ENSO (El Niño Southern Oscillation). O ENSO é caracterizado pelo aquecimento ou resfriamento das águas do Pacífico Equatorial, ou seja, anomalias na TSM - Temperatura da Superfície do Mar e possui uma fase quente e uma fase fria. A fase quente é denominada El Niño e a fase fria, La Niña (CUNHA et al., 2001; FERREIRA, 2017).

OBJECTIVOS

O objetivo deste estudo foi realizar a avaliação da variabilidade da precipitação pluviométrica, a fim de contribuir com informações na região Oeste do Estado do Paraná, Brasil.

MATERIAIS E MÉTODOS
Área do estudo

O Oeste do Estado do Paraná possui uma população de cerca de 1 milhão de habitantes, e a principal atividade econômica é a agricultura, como importante referência para as produções de soja e milho (FERREIRA, 2017). O Oeste do Estado do Paraná possui clima Cfa segundo a classificação climática de Köppen, com irregularidades na distribuição das chuvas (FERREIRA et al., 2020). A localização das estações utilizadas para análise são em Terra Roxa, Toledo, Matelândia e Santa Lúcia.

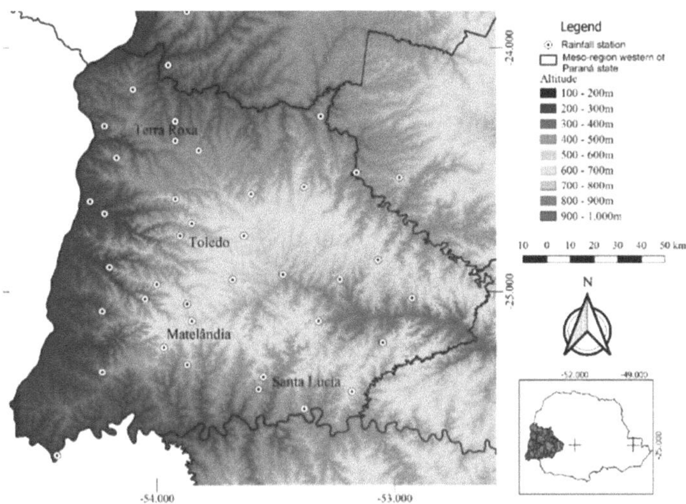

Figura 1 - Localização das Estações Meteorológicas para este estudo

Procedimentos metodológicos e análise estatística

O banco de dados foi composto por dados pluviométricos diários de 50 estações, provenientes das estações meteorológicas do IDR Paraná, Instituto Nacional de Meteorologia (INMET), Agência Nacional das Águas (ANA) e Sistema Meteorológico do Paraná (SIMEPAR). As estações meteorológicas foram escolhidas por apresentarem variabilidades significativas de precipitação e, também, por serem representativas das diferentes classes de chuva analisadas. As estações estão distribuídas no Oeste do Estado do Paraná (Figura 1), com períodos homogéneos de observação de dados diários, de 1975 a 2021.

A variabilidade da precipitação foi explorada através do Box Plot. Este procedimento é interessante para fornecer uma visão rápida da distribuição dos dados. Se a distribuição for simétrica a caixa é equilibrada com mediana igual à média e posicionamento no centro. Para distribuições assimétricas há um desequilíbrio da caixa em relação à mediana. O gráfico foi criado com o programa Statistica®.

Os gráficos de caixa representam cinco valores de classificação. Os outliers foram divididos em discrepantes (valores acima do máximo considerado, mas não extremos) e extremos, considerados como quaisquer valores maiores que Q3 + 1,5 (Q3 - Q1) ou menores que Q1 - 1,5 (Q3 - Q1). Na caixa, são classificados três quartis com 25 % dos dados, para além do valor da mediana, equivalente ao segundo quartil, ou seja, 50 % dos dados. Desta forma, os valores médios e extremos são definidos por estação analisada, de acordo com sua série de dados, além disso, a análise de Box plot foi aplicada aos dados de precipitação das estações dos municípios de Matelândia, Santa Lúcia, Terra Roxa e Toledo.

Para verificar o impacto do ENOS, foi utilizada a base de dados Oceanic Niño Index (ONI) (NOAA, 2023) para verificar os principais anos de ocorrência de El Niño forte ou La Niña forte, a fim de comparar a variabilidade causada pelo ENOS na precipitação.

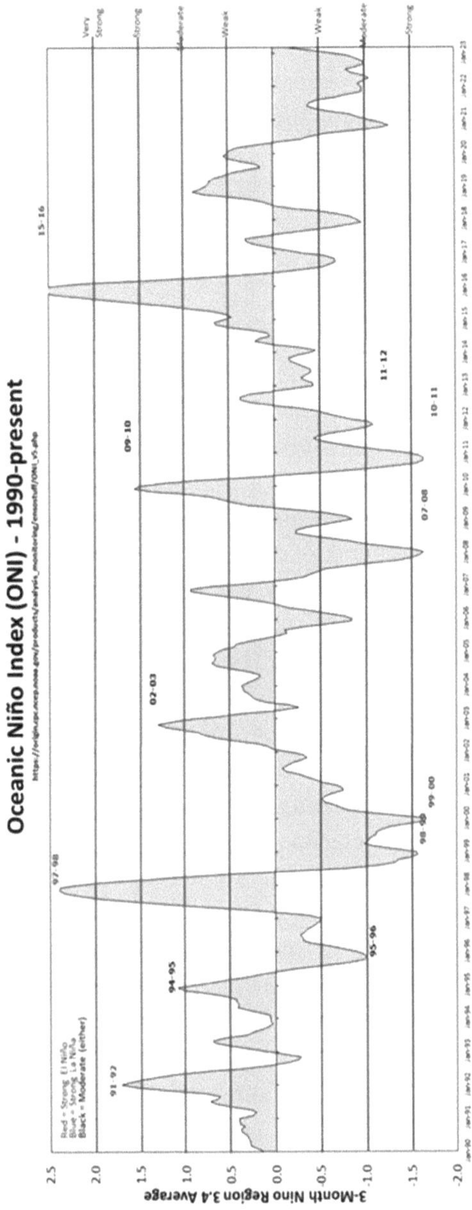

Figura 2: Índice Niño Oceânico (ONI). Fonte: NOAA (2023)

RESULTADOS E DISCUSSÃO

Análises estatísticas

Verificando a análise por meio do box plot (Figura 3) foi possível constatar uma discrepância significativa entre as alturas pluviométricas da estação de Matelândia em relação às demais. O intervalo entre Q1 e Q3 foi de 1290 mm a 2195 mm. A mediana foi de 1975 mm e o valor máximo foi de 3.006 mm, a maior precipitação anual registrada na série das estações analisadas.

Mesmo com uma precipitação máxima inferior à da estação de Matelândia, as medianas das estações de Toledo e Santa Lúcia exibiram valores próximos ao de Matelândia, com 1860 e 1.805 mm, respetivamente. Os valores máximos verificados foram 2620 e 2610 mm, respetivamente.

A estação do município de Terra Roxa apresentou valores com relativa dispersão em relação às demais. A mediana foi de 1602 mm e os valores máximos e mínimos variaram de 2260 a 960 mm, respetivamente. Este último foi o menor valor de precipitação anual registrado entre as estações analisadas. O intervalo entre Q1 e Q3 de Terra Roxa foi de 1798 a 1385 mm, respetivamente.

As peculiaridades climáticas regionais, influenciadas pela nebulosidade e radiação solar incidente, pela circulação atmosférica e pelos CCM - Sistemas Convectivos e Complexos Convectivos de Mesoescala, influenciadas pela vegetação topográfica local e principalmente pela dinâmica de causa da variabilidade pluviométrica (FERREIRA, 2017; FERREIRA et al., 2020). Nesse contexto, Terra Roxa apresentou menor precipitação devido à menor altitude quando comparada com outras localidades. Para Caldana et al. (2020) a altitude tem interferência na variabilidade das chuvas, áreas que apresentam maiores altitudes, em geral apresentam maior variabilidade. Assim, a topografia apresentada na Figura 1 interfere na variabilidade da precipitação pluviométrica do Oeste do Paraná, observada através da análise do box plot.

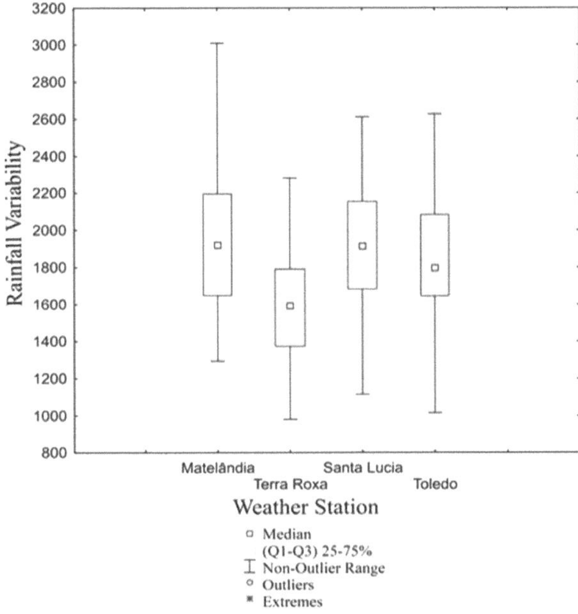

Figura 3 - Variabilidade da precipitação anual no Oeste do Paraná

Análise ENSO

Os eventos extremos do Índice ONI registam-se nos anos de 1985 (La Niña), 1998 (El Niño), 2011 (La Niña) e 2015 (El Niño), como se pode ver na Figura 4.

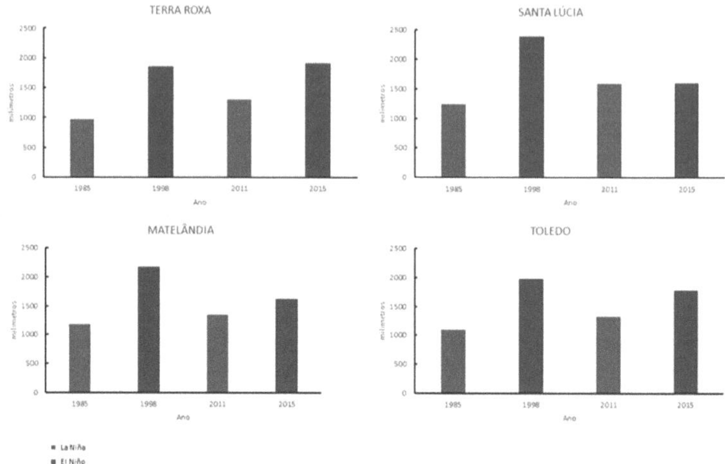

Figura 4. Variabilidade da precipitação devido aos efeitos do ENSO, no oeste do estado do Paraná

Os anos de 1985, 1998, 2011 e 2015 são considerados, de acordo com o Índice ONI, como eventos extremos com ENSO (FERREIRA, 2017). Esse resultado está de acordo com o obtido por Ferreira (2017) em localidades do Oeste do estado do Paraná. Em anos de forte Índice ONI são admitidos como anos de El Niño (1998 e 2015) foi verificado maior altura pluviométrica quando comparado com anos de La Niña (1985 e 1990).

CONCLUSÕES

A precipitação pluviométrica, na região Oeste do Paraná, é influenciada principalmente pela topografia, altitude e avanço dos sistemas atmosféricos. As maiores variabilidades da precipitação são explicadas pela influência do fenômeno ENSO.

REFERÊNCIAS

CALDANA, Nathan Felipe da Silva et al. Frequência e intensidade pluviométrica e a relação com El Niño-Oscilação Sul na Mesorregião

Noroeste Paranaense, Brasil. **Revista Brasileira de Geografia Física** v.13, n.04 (2020) 1537-1557. Disponível em: < https://www.researchgate.net/publication/343225496_Frequencia_e_In tensidade_Pluviometrica_e_a_Correlacao_com_El_NinoOscilacao_Sul _na_Mesorregiao_Noroeste_Paranaense_Brasil> Acesso em: 20 jun. 2023

CALDANA, Nathan Felipe da Silva et al. Análise de precipitação e veranico no Estado do Paraná, Brasil - Estudo de caso no mês de abril de 2021. Revista Brasileira de Climatologia, **Revista Brasileira de Climatologia**, Dourados, v. 31, Jul. / Dez. 2022. Disponível em https://www.researchgate.net/publication/364458895_Analise_da_Pre cipitacao_e_de_Veranico_no_Estado_do_Parana_Brasil_- _Estudo_de_Caso_do_Mes_de_Abril_de_2021 Acesso em: 20 jun. 2023

CUNHA, Gilberto Rocca et al. El Niño - Oscilação do Sul e seus impactos sobre a cultura de cevada no Brasil. **Revista Brasileira de Agrometeorologia**, Santa Maria, v. 9, n. 1, p. 137-145, 2001. Disponível em: < http://www.sbagro.org/files/biblioteca/1264.pdf> Acesso em: 20 jun. 2023

FERREIRA, Luiz Gustavo Batista. **Disponibilidade hídrica e produtividade de soja no oeste do Paraná**. Londrina: Dissertação de Mestrado, 2017. Disponível em < https://sucupira.capes.gov.br/sucupira/public/consultas/coleta/trabalh oConclusao/viewTrabalhoConclusao.jsf?popup=true&id_trabalho=50 16795>. Acesso em: 20 jun. 2023

FERREIRA, Luiz Gustavo Batista et al. Variabilidade da precipitação pluvial e análise de riscos de períodos de seca durante a cultura da soja (*glycine max l.*) no oeste do estado do Paraná, Brasil. **Revista Brasileira de Climatologia**, ano 16, vol.27, 2020. Disponível em: <https://www.researchgate.net/publication/344799788_Rainfall_Varia bility_and_Analysis_of_Droughts_Periods_Risks_During_the_Soybea n_Crop_Glycine_max_L_in_the_Western_of_Parana_State_Brazil> Acesso em: 21 jun.2023

ADMINISTRAÇÃO NACIONAL OCEÂNICA E ATMOSFÉRICA - NOAA: Índice ONI: janeiro de 1950 a fevereiro de 2023. Disponível em: <https://ggweather.com/enso/oni.htm> Acesso em: 15.jun.2023

ANÁLISE DOS PERÍODOS DE PRECIPITAÇÃO E SECAS NO ESTADO DO PARANÁ, BRASIL - ESTUDO DE CASO EM ABRIL DE 2021

Resumo

Um dos principais impactos negativos das mudanças climáticas são as ocorrências de períodos secos que estão se tornando comuns. Nesse contexto, o objetivo deste estudo foi realizar a análise da variabilidade da precipitação em estações no sul do Paraná, Brasil, com foco no mês de abril. Para isso, foram criados mapas com interpolações para regionalizar as alturas de precipitação. Foram criados gráficos de box plot e probabilidades para identificar o comportamento regional da precipitação, além da análise gráfica e sinótica da precipitação de abril de 2021. Identificou-se que o mês de abril de 2021 foi o mais seco da história, devido aos bloqueios atmosféricos e massas de ar seco, que apesar de serem comuns nesta época do ano no Estado do Paraná, foram mais intensos neste ano, impactando o balanço hídrico climatológico (CLIMWB), que já havia sido negativo em todo o ano passado, os impactos foram mais sentidos em Londrina e Cascavel, áreas com concentração de atividades agronômicas, que podem registrar perdas de produtividade devido à estiagem neste mês. Uma tendência de redução das chuvas neste mês pode estar ocorrendo, já que ao analisar a série por décadas, a última (2011-2020) já havia sido a mais seca da história, com exceção da estação meteorológica de Curitiba.

Palavras-chave: Chuvas. Riscos climáticos. Seca. Alterações climáticas. Acontecimentos extremos.

INTRODUÇÃO

O condicionamento e desenvolvimento dos elementos meteorológicos não é estático, eles apresentam certas dinâmicas que podem variar em magnitude e frequência, ao longo do tempo e de um lugar para outro (BARRY; CHORLEY, 2009; GORDO, et al., 2016; SCORER, 1997), seguindo peculiaridades territoriais em diferentes escalas de abordagem. Esses elementos, evidentemente, são objetos de estudos que buscam compreender as mudanças climáticas e seus efeitos recentes (BOCCHIOLA et al., 2019; D'AGOSTINO et al., 2016; LIANG et al., 2017; LESK et al., 2016; PRĂVĂLIE et al., 2020; WANG et al., 2017; WUN et al., 2017). Analisando os fenômenos meteorológicos, as mudanças climáticas e sua exposição de intensidade impactam negativamente a resiliência dos ambientes (BONFANTE et al., 2018), torna-se notório para determinar melhorias nos processos sociais e socioeconômicos das ações humanas.

A ocorrência dos períodos de secas é caracterizada por dias subsequentes sem precipitação durante a estação chuvosa (AYOADE, 2010), com graves consequências para a agricultura e o abastecimento de água (ASSAD, 1993; BAKO et al., 2020; SIFER et al., 2020; SIFER et al., 2020; al., 2016). Dentre as atividades econômicas, a agricultura é uma das mais dependentes das condições climáticas (ANGELOCCI et al., 2002; CHAVAS et al., 2019), portanto, a ocorrência de períodos de estiagem pode ter um impacto direto, aumentando o estresse hídrico e prejudicando o rendimento das culturas (FREITAS et al., 2014).

A precipitação é o elemento mais importante para as áreas tropicais e subtropicais, onde sua distribuição variável afeta o desempenho das culturas (PELL et al., 2007; SIFER et al., 2016). A água é de fundamental importância para todos os processos da fisiologia vegetal, incluindo absorção radicular, transporte de nutrientes, termorregulação e hidratação, além disso, é essencial para manter a atividade das células vegetais e sua estrutura (BHATLA; LAL, 2018). O estado do Paraná tem a agricultura como uma atividade econômica desenvolvida (FERREIRA et al., 2020). Assim, estudos que mostram a ocorrência de períodos de estiagem são fundamentais para o planejamento agrícola e auxiliam na tomada de decisões, ajudando a tornar a agricultura resiliente e sustentável.

Embora o estado do Paraná seja um dos mais úmidos do Brasil (CARAMORI et al., 2008), diversos estudos sugerem a ocorrência de períodos de seca em seu interior (SALTON; MORAIS; LOHMANN, 2021). Na Mesorregião Oeste, Ferreira et al. (2020) identificaram alta probabilidade de ocorrência de períodos de seca, entre o outono e o inverno; Morais e Lohmann (2021) identificaram que períodos de seca extrema e moderada podem ocorrer com maior frequência durante o La Niña, enquanto períodos de seca mais fraca sob condições de El Niño, porém, neste caso, não há tendência de aumento ou diminuição dos períodos de seca para as diferentes regiões; Caldana et al. (2021) ressaltaram que as análises desses eventos climatológicos são relevantes para o planejamento e tomada de decisão do manejo agrícola, uma vez que esses eventos são responsáveis por perdas ou até mesmo quebra de safra.

O estado do Paraná, no sul do Brasil, está localizado em uma área de transição climática, com grandes variações de altitude e latitude, condicionando diferenças significativas em sua variabilidade climática (CARAMORI et al., 2008).

Assim, o objetivo deste trabalho foi analisar a variabilidade da precipitação em estações meteorológicas do Estado do Paraná, com foco no mês de abril, no qual foi realizado um estudo de caso para o ano de 2021.

MATERIAIS E MÉTODOS
Área de estudo

O estado do Paraná, localizado na região Sul do Brasil, possui uma área de 199.315 km² (IBGE, 2020). A topografia do estado do Paraná apresenta uma grande variedade, conforme a Figura 1. As altitudes variam de 0 m, ao nível do mar, no extremo leste do Estado, até as margens do Oceano Atlântico e atinge picos de 1.200 m em seu interior, e 1.800 m na Serra do Mar (Figura 1).

O clima do estado do Paraná, assim como sua topografia, apresenta significativa variabilidade por ser considerado uma área de transição climática com o cruzamento do trópico de Capricórnio no norte do estado, na região de Londrina, este fato interfere na variabilidade climática do estado do Paraná (CARAMORI et al., 2008; CALDANA et al., 2019).

Nas regiões Norte, Oeste e Litoral, predomina a classificação climática "Cfa", com características subtropicais, sem estação seca definida e verão quente, segundo a classificação climática de Köppen de 1936. As regiões Centro-Sul e Leste são classificadas na classificação "Cfb" de clima subtropical, sem estação seca e verão frio (NITSCHE et al, 2019).

A precipitação média anual varia de 1.000 mm no extremo norte do estado a 2.600 mm na serra do mar, enquanto a temperatura média do ar varia de 14 °C nas montanhas a 24 °C no extremo noroeste (NITSCHE et al, 2019).

Figura 1 - Espacialização das estações meteorológicas e topografia do Estado do Paraná.

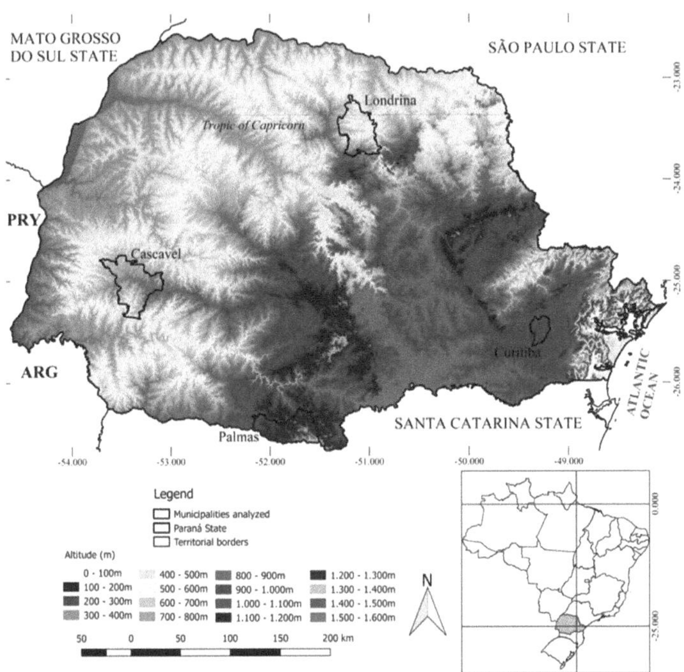

Fonte: autores (2021).

Análise estatística

Para a caraterização da precipitação no estado do Paraná, foram utilizados dados de sete estações meteorológicas, incluindo o Instituto de Desevolvimento Rural do Paraná (IDR-Paraná), o Sistema Meteorológico do Paraná (SIMEPAR) e a Agência Nacional de Águas (ANA) (Figura 1 e Tabela 1), com recorte temporal de 1976 a 2020. Além disso, foram utilizados dados de abril de 2021 para a realização do estudo de caso.

Tabela 1 - Informações sobre as estações em estudo

Data source	Location of the stations	Longitude	Latitude	Altitude	Average precipitation	Average temperature	Historical series
SIMEPAR	Cascavel	-53.33	-24.53	660m	--	19,6°C	2000-2020
ANA	Curitiba (ANA)	-49.8	-25.25	985m	1.491mm	--	1976-2020
SIMEPAR	Curitiba (SIMEPAR)	-49.23	-25.44	929m	--	17,1°C	2000-2020
IDR	Londrina (IDR)	-51.10	-23.23	585m	1.637,2mm	--	1976-2020
SIMEPAR	Londrina (SIMEPAR)	-51.10	-23.23	585m	--	21,2°C	2000-2020
IDR	Palmas (IDR)	-51.59	-26.29	1.110m	2.129mm	--	1979-2020
SIMEPAR	Palmas (SIMEPAR)	-51.59	-26.29	1.110m	--	16,4°C	2000-2020
ANA	Rio do Salto (Cascavel)	-53.32	-25.12	606m	1.910,2mm	--	1976-2020

Para estudar a variabilidade da precipitação pluviométrica nessas estações meteorológicas, foram utilizados gráficos no formato Box Plot, para analisar: a medida de suas dispersões em torno da média através do desvio padrão, a posição de sua mediana, aquela que demonstra onde se localiza 50% dos dados, sua assimetria e a presença de outliers (LEM et al., 2013; SCHNEIDER; SILVA, 2014). É um método eficaz para analisar a variabilidade da precipitação, pois apresenta extremos e outliers em séries históricas (DEVAK; DHANYA, 2014).

Os box plots representam classificações de valores, são eles: mediana, outliers e extremos, além de valores máximos e mínimos. Foram classificados três quartis (Q) com 25% dos dados cada, além do valor da mediana, que equivale ao segundo quartil - 50% dos dados (LEM et al., 2013; SCHNEIDER; DA SILVA, 2014). Os outliers são divididos em anômalos (valores acima do máximo, mas não extremos) e extremos, sendo considerados quaisquer valores.

$$< Q3 + 1.5 (Q3 - Q1) \text{ or } > Q1 - 1.5 (Q3 - Q1)$$

A espacialização desses dados foi realizada por interpolação, que é um método eficaz para a visualização espacial de dados climáticos. Para auxiliar o estudo, foram utilizadas isoietas ou preenchimento espacial dos valores para ajustar as estatísticas de regressão e utilizando o algoritmo de interpolação espacial Inverse Distance Weighted (IDW) (MUELER, 2004). Os mapas foram criados utilizando o Software Qgis.

Os dados pontuais das estações meteorológicas foram introduzidos no software Qgis e transformados num ficheiro raster, com a ajuda do interpolador IDW. Este novo arquivo apresenta uma superfície suave ajustada a estes dados pontuais com resolução espacial de pixel de 1 km por 1 km. Após este procedimento, foram inseridas as isoietas e seus valores para melhor visualização das áreas com precipitações semelhantes e para regionalizá-las. A distribuição da precipitação anual também foi avaliada utilizando uma estação meteorológica por região.

O Shuttle Radar Topography Mission - SRTM, com resolução de 30 m, foi utilizado para analisar a influência topográfica. Esse método é necessário para espacializar e regionalizar os dados para áreas que não possuem dados pluviométricos mais precisos.

Foram aplicadas equações de regressão linear múltipla para espacializar os dados de precipitação média medidos nas estações meteorológicas. A equação aplicada é dada por: $y = a + b.lat + c.long + d.alt$, onde a, b, c, d são coeficientes de regressão, e lat, long e alt representam latitude, longitude e altitude, respetivamente. Esta fórmula matemática foi aplicada no software de geoprocessamento Arcgis sobre o ficheiro SRTM, permitindo a geração de mapas com uma resolução espacial de 30 m.

Para identificar a probabilidade de ocorrência de períodos de seca, foram determinadas as frequências do número de dias consecutivos com precipitação igual ou inferior a 1 mm dia^{-1} durante pelo menos 10 dias. As análises de frequências foram efectuadas por dez dias móveis (1-10/01, 2-11/01, 3-12/01, e assim sucessivamente). Este procedimento evita a omissão de períodos consecutivos de dez dias sem chuva, o que pode ocorrer quando se consideram apenas os períodos fixos de dez dias 1-10, 11-20 e 20-30 de cada mês. Foram admitidos apenas valores de precipitação superiores ou iguais a 1 mm.

O Balanço Hídrico Climatológico (BHC) foi obtido pelo método de Thornthwaite e Mather (1955), utilizando-se a equação com os valores das variáveis meteorológicas (temperatura e precipitação), e a capacidade de água disponível no solo proporcional à profundidade efetiva das raízes da cultura do milho segunda safra (72 mm de acordo com o Zoneamento Agrícola de Risco Climático).

Foram considerados os dados de precipitação média mensal (extraídos dos totais mensais de cada ano) e a temperatura média mensal (extraída das médias mensais dos valores diários de cada ano).

Em seguida, a evapotranspiração potencial (PET) foi calculada pelo método de Thornthwaite. Em primeiro lugar, a evapotranspiração potencial padrão (PETp, mm mês-1) foi calculada utilizando a fórmula empírica:

$$\text{When: } 0 < Tn < 26,5°C$$

$$PETp = 16\left(10\frac{Tn}{I}\right)^{a}$$

$$\text{When: } Tn \geq 26,5ºCTn^{2}$$

$$PETp = -415\,85, + 32\,24, Tn - 43,0\,Tn^{2}$$

Onde: Tn - temperatura média do mês n, em ºC; e I é um índice que expressa o nível de calor na região. O subscrito n representa o mês, ou seja, n=1 é janeiro; n=2 é fevereiro; etc.

O valor de I depende do ritmo anual da temperatura do ar, integrando o efeito térmico de cada mês, sendo calculado pela fórmula:

$$I = 12(0{,}2\ aT)^{1{,}514}$$

O expoente "a", sendo uma função de I, é também um índice térmico regional, e é calculado pela expressão:

$$a = 0{,}49239 + 1{,}7912x10^{-2}\ I - 7{,}71x10^{-5}\ I^2 + 6{,}75x10^{-7}\ I^3$$

O valor de PETp representa a evapotranspiração total mensal que ocorreria sob as condições térmicas de um mês padrão de 30 dias, e cada dia com um fotoperíodo de 12 horas (N). Por conseguinte, o PETp deve ser corrigido em função de N e do número de dias do período (NDP).

$$COR = \left(\frac{N}{12}\right)\left(\frac{NDP}{31}\right)$$

Assim, a classificação climática pelo método de Thornthwaite (1948), considera que após a obtenção do balanço hídrico climatológico (CLIMWB) de acordo com o método de Thornthwaite e Mather (1955), assumindo uma capacidade de água disponível no solo igual à profundidade efectiva das raízes em mm, os índices hídricos (wi) devem ser avaliados de acordo com a equação abaixo:

$$wi = \frac{EXC}{PET}\,100$$

Estudo de caso

A génese e identificação do sistema que actua em caso de chuva e a monitorização das condições meteorológicas diárias foram realizadas através de imagens de satélite METEOSAT fornecidas pelo

Centro de Previsão de Tempo e Estudos Climáticos (CPTEC). As imagens foram recolhidas todos os dias e às 15 horas.

Em seguida, foram realizadas análises dos padrões e da circulação atmosférica, sendo que os dias 3, 10, 15, 18, 22 e 30 foram extraídos para a interpretação do estudo de caso, pois apresentaram mudanças na circulação atmosférica.

Além disso, foram obtidas imagens do radar meteorológico do SIMEPAR, que é atualizado a cada 15 minutos para identificar o tipo de instabilidade e seu deslocamento sobre o estado do Paraná.

Para analisar a magnitude do evento de seca, a precipitação média mensal em abril e o acumulado de 2021 foram extraídos para criar mapas utilizando o interpolador IDW. Além disso, foi realizado o CLIMWB do último ano para entender o impacto da falta de chuva nas condições hídricas do solo. Além disso, foi criada uma tabela de médias decadais para identificar se há uma redução da precipitação em abril nestes locais.

RESULTADOS E DISCUSSÃO

Análise da precipitação e da ocorrência de períodos de seca.

A precipitação nas estações meteorológicas analisadas apresentou distribuição diferenciada durante o ano. A estação de Cascavel, com média anual de 1.910 mm (Tabela 1), teve outubro como o mês mais chuvoso, assim como em Palmas, enquanto Londrina e Curitiba registraram o mês de janeiro.

Esse comportamento da precipitação durante o mês de outubro também foi identificado em toda a região Oeste do Paraná. Caldana et al. (2020), identificaram que o mês mais chuvoso no estado do Paraná (com exceção da Região Metropolitana de Curitiba) é janeiro, enquanto que em toda a região Oeste e em fragmentos do Centro-Oeste paranaense, o mês mais chuvoso é outubro, devido a instabilidades formadas em altas temperaturas no Paraguai que favorecem o avanço de sistemas atmosféricos sobre o estado paranaense. A proximidade da região Oeste do Paraná com o Paraguai faz com que esses sistemas convectivos tenham um impacto maior nas chuvas desse mês do que no restante do Estado.

Em média, Curitiba é a estação mais seca, com média anual de 1.490 mm (Tabela 1), juntamente com a mais chuvosa, em Palmas, com média de 2.129 mm, registrando abril (objeto deste estudo) como o segundo mês mais seco da série, com médias de 82,4 e 167 mm, consecutivamente. Em Londrina (109,7 mm) e Cascavel (149 mm), abril é apenas o sétimo mês mais chuvoso.

Figura 2 - Precipitação média mensal das estações de Londrina, Curitiba, Cascavel e Palmas.

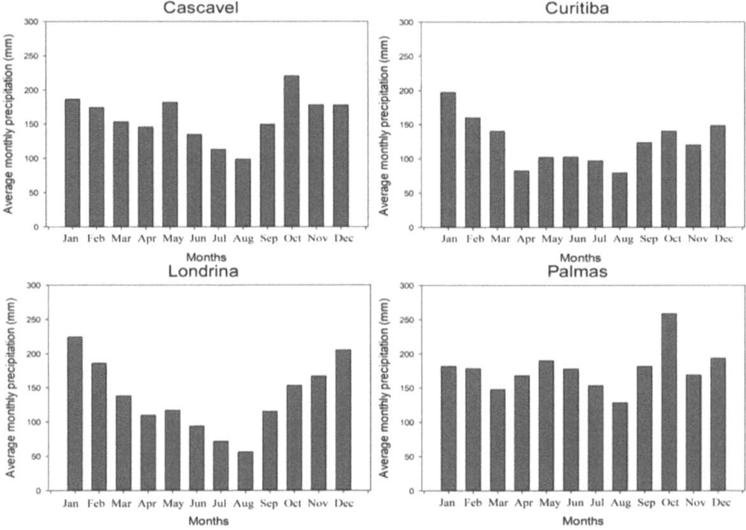

Fonte: autores (2021).

A variabilidade no mês de abril (Figura 3) foi grande em Cascavel, com intervalo entre quartis superior a 140 mm (67-209 mm) e mediana de 120 mm. As ocorrências de precipitação acima de 300 mm elevam a média mensal (145,3 mm), foram sete ocorrências no período analisado, sendo três delas eventos outliers. Enquanto que o mês de abril mais seco, até ao ano 2020, foi de 41 mm em 1980.

Um padrão bem diferente foi observado em Curitiba, com um intervalo entre quartis de apenas 50 mm (61-112 mm) e uma mediana menor que as demais (82 mm). Também houve apenas dois eventos outliers e nenhum ultrapassou 200 mm, diferente das outras estações. O registo mais baixo de precipitação neste mês foi em 1978 com 7,8 mm.

Assim como Curitiba, Londrina não apresentou grande variação mensal, com a diferença entre quartis de 75 mm (67-142 mm) e uma mediana de 105 mm. Com seis eventos extremos (outliers) e o abril mais seco foi em 2002 com 5,2 mm.

Em Palmas, local com maior precipitação em abril, o único evento superior a 500 mm foi identificado em 1998, ano com forte influência do fenômeno El Niño (CALDANA et al., 2020). Registaram-se mais 13 eventos superiores a 300 mm, revelando-se um mês muito chuvoso na região nesta área. O mês de abril mais seco ocorreu em 1996 com 17,2 mm.

Figura 3 - Box plots da variabilidade mensal da precipitação nas estações meteorológicas do Paraná

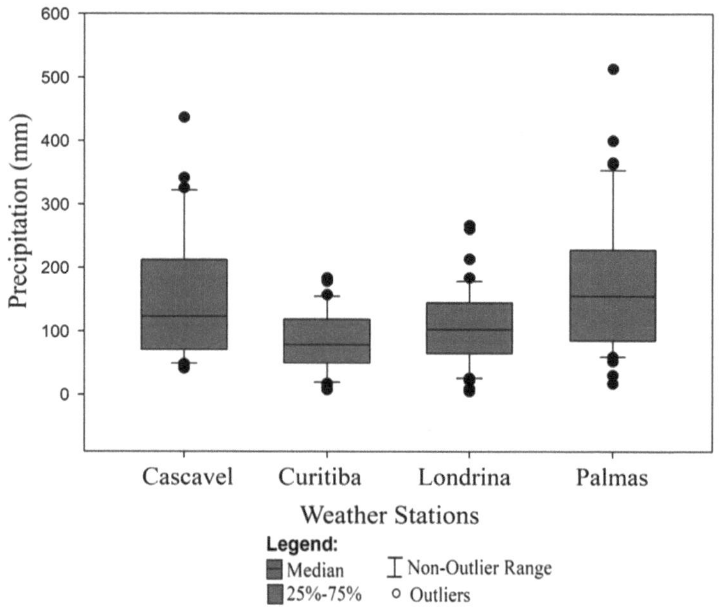

Fonte: org: autores (2020).

O CLIMWB (Figura 5) para o Paraná foi analisado com o objetivo de verificar o excesso ou déficit de água e os impactos no solo e, consequentemente, para a prática agrícola na região, correlacionando a ocorrência de chuvas, com a temperatura e a evapotranspiração, como forma de subsidiar informações para a agricultura. Como observado anteriormente, houve meses e anos muito secos e chuvosos, porém, o balanço hídrico foi positivo para todos os meses das quatro estações meteorológicas verificadas.

Londrina foi a única estação a apresentar um mês com balanço hídrico negativo, a média de ocorrência é em agosto, com 2 mm, que já são supridos em setembro e retorna a um balanço positivo nos meses seguintes. O mês com o menor extrato do balanço hídrico foi agosto em Cascavel, Londrina e Palmas, e apenas em Curitiba foi em abril, embora ainda positivo.

Mesmo a uma distância de 340 km, Palmas e Cascavel apresentaram um extrato de balanço hídrico semelhante, porém, com valores sempre maiores em Palmas.

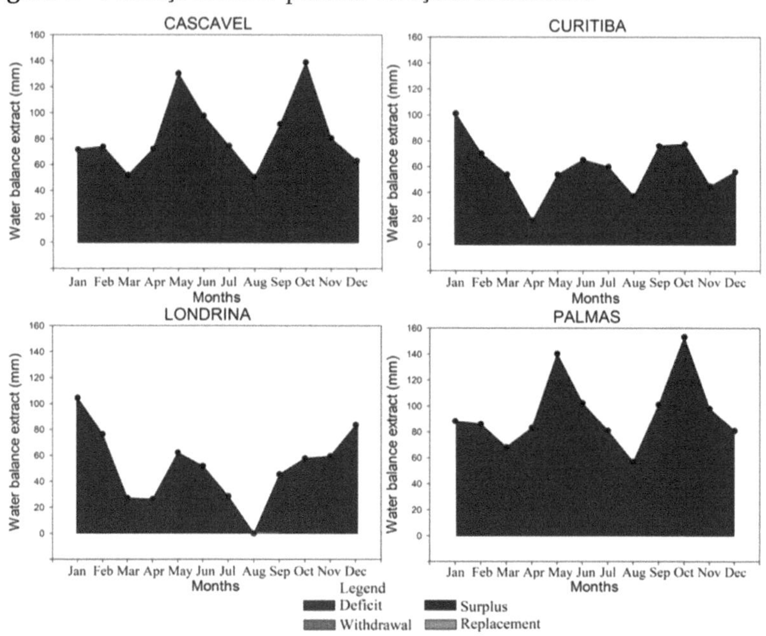

Fonte: autores (2020).

Apesar de apresentar todos os meses com extrato positivo do balanço hídrico, a ocorrência de períodos de estiagem é considerada comum em todo o estado do Paraná, principalmente no Oeste (FERREIRA et al., 2020). Os períodos de estiagem causam impactos negativos para as atividades econômicas, principalmente para as produções agrícolas (FERREIRA et al., 2020).

Como se observa, apesar de Londrina apresentar médias pluviométricas superiores a Curitiba, a distribuição não é regular, com um risco de veranico muito maior, chegando a um risco de 70% nos primeiros dez dias de agosto. O mesmo ocorre em abril, apesar de ser o sétimo mês que mais chove, o risco de verão indiano chega a 60% nos primeiros dez dias. O mesmo ocorre em Curitiba, com risco de 50 % nos dias 2nd e 3rd de abril.

Figura 5 - Probabilidade de ocorrência de períodos de estiagem, em séries de 10 dias (1976-2020) no Estado do Paraná.

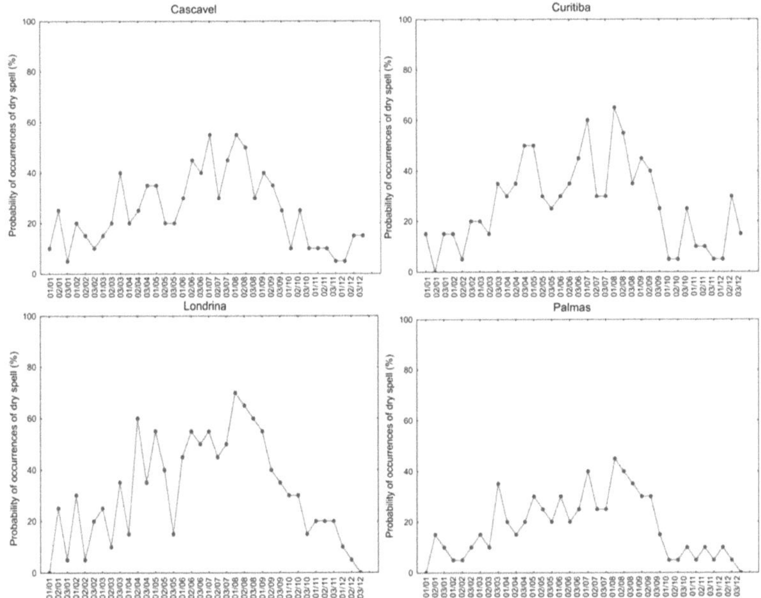

Fonte: org: autores (2020).

Em Cascavel, os picos não ultrapassam 50 % e ocorrem nos meses de julho e agosto. Em abril, o risco de verão indiano não ultrapassa 35 %. Em Palmas o risco é menor que todos os outros, o pico ocorre em agosto com 40% e em abril não ultrapassa 20%.

Estudo de caso: abril de 2021

A precipitação diária em abril foi baixa em todas as estações analisadas. Ao observar a precipitação mensal em abril durante a série histórica, os anos mais secos em cada estação foram 41 mm em Cascavel (1980), 10,8 em Curitiba (2000), 5,2 em Londrina (2002) e 17,2 mm em Palmas (1996), tornando 2021 o abril mais seco desde 1976 nas estações analisadas do estado do Paraná.

Figura 6 - Precipitação diária em abril de 2021 no estado do Paraná.

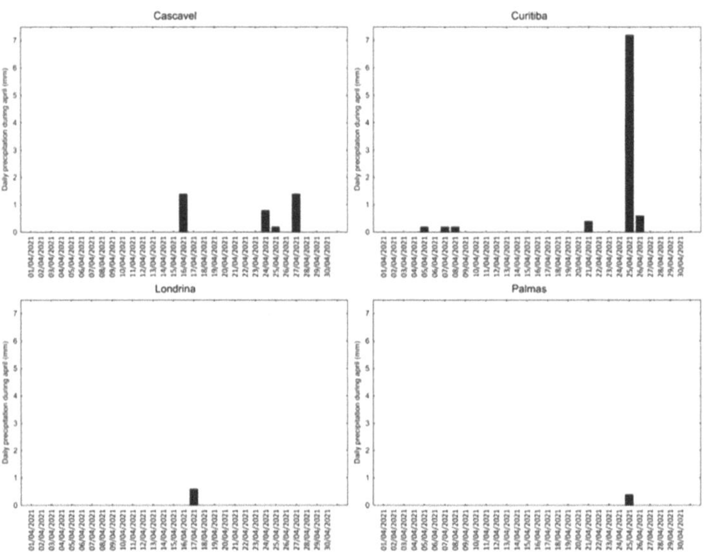

Fonte: org: autores (2020).

Ao observar o cenário atmosférico do mês (Figura 6), no dia 1st (Figura 7a), assim como na maior parte do mês de abril, houve o predomínio de uma massa de ar seco e mais quente, não favorecendo a formação de chuva. Os ventos eram principalmente de noroeste, trazendo mais calor das regiões tropicais e equatoriais da América do Sul. Nos dias 5 e 12, o cenário começou a mudar com a entrada de frentes frias, que já são comuns nessa época do ano (Figura 7b). A do dia 5th , apenas avançou e trouxe chuva para Curitiba, nas demais estações meteorológicas não houve registro. Enquanto que no dia 12th , não houve registro de chuva em nenhuma das estações, em grande parte causada pela presença da massa de ar seco que predominava até então, só houve chuva em locais isolados do estado. Em seguida, uma nova massa de ar seco e menos aquecido predominou sob o Paraná (SIMEPAR, 2020).

Figura 7 - Imagem de satélite do COLOR IR 9, obtida nas 15 horas dos dias selecionados para o Centro-Sul do Brasil.

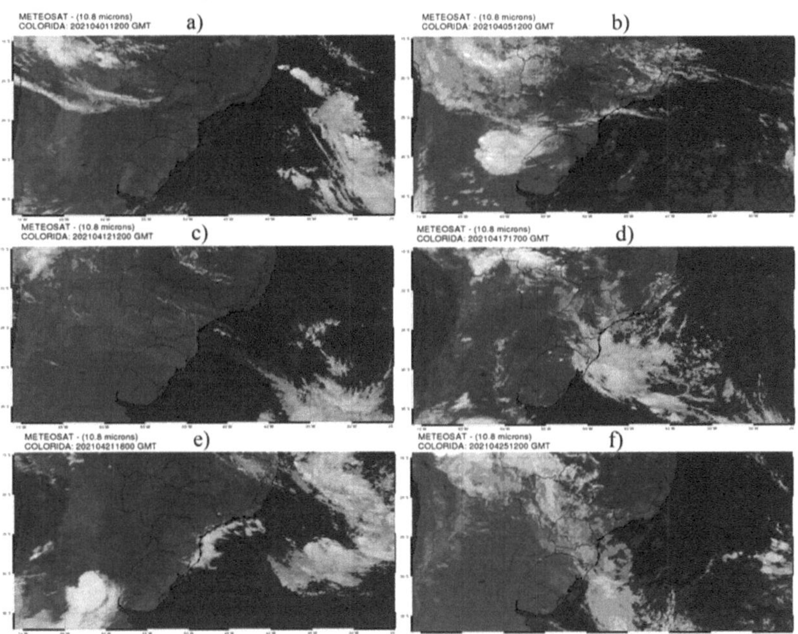

Fonte: org: autores (2020).

No dia 17 (Figura 7d), a entrada de uma nova frente fria trouxe chuva para as estações de Cascavel e Londrina, ressalta-se que a frente atua primeiro nessas áreas, dado seu deslocamento preferencial pelo estado do Paraná nas direções sudoeste-nordeste e sul-norte (CALDANA et al., 2020). Nas demais áreas, indica-se que ela já havia enfraquecido e não trouxe instabilidade ao avançar pelas áreas a leste do estado em direção ao oceano.

Entre os dias 21 e 30, com exceção dos dias 25 a 27 (Figura 7e), uma massa de ar seco e quente volta a predominar sob o Estado, com exceção da faixa litorânea, com o deslocamento de umidade do oceano, que não avançou além da Serra do Mar do Paraná. De fato, o litoral do Paraná foi a única área do estado a registrar chuvas significativas, segundo dados do SIMEPAR (2021) foram 233 mm em Guaratuba e 115 mm em Antonina.

Do dia 25th ao dia 27th houve uma área de baixa pressão no Paraguai, um aumento significativo da nebulosidade com algumas chuvas no estado, e a instabilidade que gerou mais chuva no mês, porém, ainda sendo uma Frente Fria classificada como um sistema muito fraco (SIMEPAR, 2020). O maior registro foi em Curitiba com 7,2mm.

Outros déficits pluviométricos foram registrados no Brasil nos últimos anos, Caldana et al. (2021) identificaram que o mês de setembro de 2020 foi o mês mais seco e quente na Mesorregião Centro-Ocidental do Paraná. Verificando imagens de satélite, foi identificada a intensa atuação de uma massa de ar seco, favorecida pelas queimadas no Pantanal e Amazônia que ocorreram no mesmo período.

Quanto à seca com o olhar sinótico, Jacondino et al. (2019) realizaram a análise da seca intensa na região sul do Brasil e condições sinóticas associadas; e identificaram diferentes magnitudes de seca ao longo do período sazonal frio (abril a setembro). A magnitude das secas médias é mínima em maio e maior em agosto e setembro no Rio Grande do Sul (RS) e Santa Catarina (SC). A incidência local também não é homogênea em magnitude, sendo que as localidades do RS com maior magnitude média estão fora da região Oeste com maior freqüência de ocorrência. Há um claro padrão de variáveis de sul para norte na magnitude do fenômeno sobre a região, com eventos mais intensos sobre o RS, diminuindo para intermediários sobre Santa Catarina e mínimos sobre o Paraná. Embora o trabalho não tenha identificado mudanças no padrão de estiagem para o mês de abril, como identificado em 2021, trabalhos futuros podem identificar se há uma tendência significativa para este mês, podendo ser incluído nos meses com maior chance de estiagem.

Assim, mesmo com a frequente entrada de frentes frias que geram instabilidades atmosféricas sobre o Centro-Sul do Brasil, em abril, normalmente elas ainda são fracas, e com a presença de ar muito seco e quente durante boa parte do mês, mesmo com a entrada desses sistemas, não houve chuvas significativas ao longo do mês, tornando o mês de abril o mais seco da série histórica, e isso impactou diretamente no balanço hídrico regional (Figura 8).

Diferentemente do que foi observado, nos padrões médios do CLIMWB o período que antecedeu o mês de abril apresentou vários registros de deficiência e retirada de água do solo, e não apenas no mês de abril, a precipitação já estava abaixo dos meses anteriores.

Curitiba e Palmas tiveram os menores impactos, mas mesmo assim, com cinco e quatro meses de déficit hídrico, respetivamente, sendo que o pior cenário ocorreu no mês de abril. Em Palmas, a retirada de água do solo ultrapassou 50 mm e em Curitiba, 100 mm.

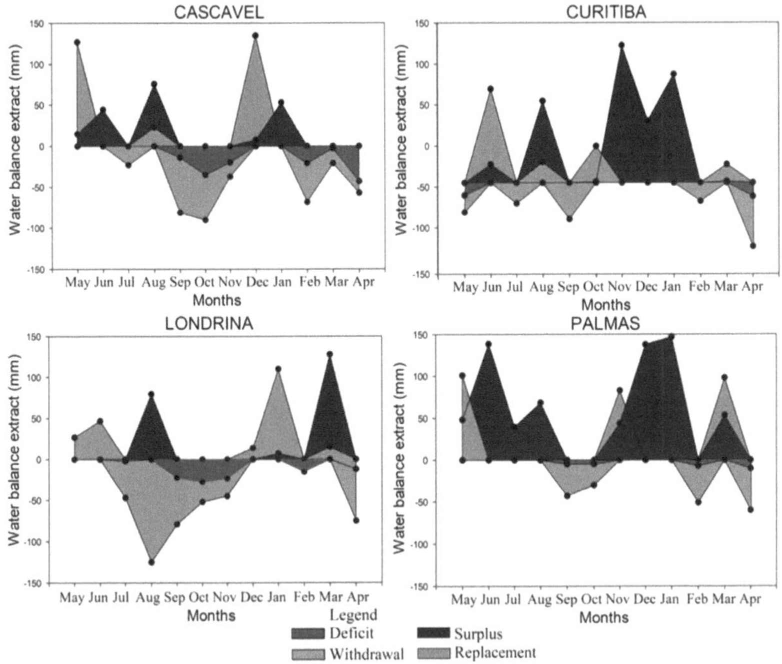

Fonte: org: autores (2020).

Em Londrina, o pior cenário ocorreu anteriormente, entre junho e novembro, com um pico em agosto com mais de 120 mm de água retirada do solo e um défice de 30 mm. Esse longo período com o CLIMWB mostrando déficit hídrico pode se repetir a partir de abril de 2021, caso não chova o suficiente para repor o que foi perdido nesse mês seco.

Cascavel, apesar de apresentar menores valores de remoção de água do solo que Londrina, registrou os maiores valores de déficit hídrico, e ao contrário dos demais, os meses de fevereiro e março, já registraram CLIMWB negativa, intensificando-se no mês de abril, com isso o déficit hídrico chegou a 47 mm.

O cenário é ainda mais alarmante uma vez que os municípios de Cascavel e Londrina têm a agricultura como principal atividade desenvolvida e em grande parte de sua área, plantam milho nesta época do ano (BIAGIO et al., 2017). Por ser uma planta de origem tropical, o milho requer durante seu ciclo, calor e água disponível no solo para se desenvolver (TEIXEIRA et al., 2019). Assim, a análise da disponibilidade hídrica no mês de abril para a cultura do milho se faz necessária uma vez que a época de semeadura do milho segunda safra no estado do Paraná é entre janeiro e março, sendo a principal cultura neste período, posicionada após o cultivo da soja no estado (MIRANDA et al., 2021).

O déficit hídrico durante o crescimento vegetativo inicial das plantas de milho provoca uma redução na área foliar, na intercetação da radiação solar, na condutância estomática e no teor de clorofila das folhas, o que resulta em uma redução na eficiência da taxa fotossintética, podendo influenciar diretamente no rendimento da cultura (BERGAMASCHI et al., 2004)

Os dois municípios que plantam milho nessa época do ano são os que apresentam maior déficit hídrico e provavelmente apresentarão resultados negativos na produtividade, e se esse cenário indicar uma tendência futura de impacto das mudanças climáticas, poderá tornar a cultura tão inapta para o cultivo nessa época do ano para essas localidades, e foi identificado um padrão ao analisar a média das últimas décadas (Tabela 1).

Tabela 1- Precipitação média por décadas no mês de abril em estações do estado do Paraná

Estações meteorológicas	Média (1976-2021)	Média (1981-1990)	Média (1991-2000)	Média (2001-2010)	Média (2011-2020)
Cascavel	145,3 mm	198,9 mm	161,8 mm	136,3 mm	92 mm
Curitiba	82,4 mm	111,7 mm	57,3 mm	95,3 mm	77,6 mm
Londrina	109,7 mm	138,9 mm	108,1 mm	87,3 mm	83,3 mm
Palmas	167,8 mm	194,1 mm	163 mm	192,3 mm	101,4 mm

Fonte: Autores (2021); Fonte dos dados: IDR e SIMEPAR (2021)

Observa-se que não só o ano de 2021, que foi o mais seco da série histórica, mas também a última década apresentou uma redução na precipitação, demonstrando que pode haver uma tendência negativa em abril de 2021. Com exceção de Curitiba, todas as demais cidades apresentaram a última década (2011-2020) como a mais seca da série histórica. Cascavel e Palmas registraram os valores mais alarmantes, com uma redução maior de 50 mm de chuva em relação à média e 106

e 93 mm, respetivamente, em relação à década de 1981-1990.

CONCLUSÃO

Identificou-se que o mês de abril de 2021 foi o mais seco da série histórica com precipitações entre 0,6 e 8 mm nas estações meteorológicas analisadas do estado do Paraná, devido à atuação de bloqueios atmosféricos e massas de ar seco, que apesar de ser considerado comum nesta época do ano no Paraná, apresentou maior intensidade.

As chuvas bem abaixo da média neste mês impactaram o balanço hídrico, que já vinha sendo negativo no último ano, os impactos foram mais sentidos em Londrina e Cascavel, áreas importantes para as produções agrícolas, especialmente soja e milho, que podem registrar quebras de safra neste período.

Pode estar ocorrendo uma tendência de redução de chuvas neste mês, pois ao analisar a série por décadas, a última (2011-2020) já havia sido a mais seca da história, com exceção de Curitiba. E exibiu valores alarmantes de redução de chuvas, como em Cascavel com mais de 100 mm em relação à década de 1981-1990 e 66 mm em relação à média em Palmas.

REFERÊNCIAS

ANA - Agência Nacional de Águas. **Dados hidrológicos da Rede Hidrometeorológica Nacional - Hidroweb, séries históricas**, Brasília, 2020. Disponível em: < https://www.snirh.gov.br/hidroweb >. Acesso em: 25 maio 2020.

ANGELOCCI, L. R.; SENTELHAS, P. C.; PEREIRA, A. R. **Agrometeorologia fundamentos e aplicações práticas**. Guairá: Agropecuária, 2002.

ASSAD, E. **Chuva no Cerrado**: análise e espacialização. Brasília: Empresa Brasileira de Pesquisa Agropecuária, 1994.

AYOADE, J. O. **Introdução a Climatologia para os trópicos**. Rio de Janeiro: Bertrand Brasil, 2007.

BAKO, M. M.; MASHI, S. A.; BELLO, A. A.; ADAMU, J. I. Análise espaço-temporal de períodos de seca para apoio aos esforços de adaptação agrícola na região Sudano-Saheliana da Nigéria. **SN Ciências Aplicadas**, v. 2, n. 8, p. 1-11, 2020.

BARRY, R. G.; CHORLEY, R. J. **Atmosphere, weather and climate (Atmosfera, tempo e clima)**. New York: Routledge, 2009.

BERGAMASCHI, H.; DALMAGO, G. A.; BERGONCI. J. I.; BIANCHI, C. A. M.;MÜLLER, A. G. et al. Distribuição hídrica no período crítico do milho e produção degrãos. Pesquisa **Agropecuária Brasileira, Brasília**, v. 39, n. 9, p. 831-839, 2004.

BOCCHIOLA, D.; BRUNETTI, L.; SONCINI, A.; POLINELLI, F.; GIANINETTO, M. Impacto das alterações climáticas na produtividade agrícola e na segurança alimentar nos Himalaias: Um estudo de caso no Nepal. **Agricultural systems**, v. 171, p. 113-125, 2019.

BOIAGO, R.; GARCIA, R.; SCHUELTER, A. R.; BARRETO, R., DA SILVA, G. J.; SCHUSTER, I. Combinação de espaçamento entrelinhas e densidade populacional no aumento da produtividade em milho. **Revista Brasileira de Milho e Sorgo**, v. 16, n. 3, p. 440-448, 2017.

BONFANTE, A. M.; MONACO E.; LANGELLA, G.; MERCOGLIANO, P.; BUCCHIGNANI, E.; MANNA, P.; TERRIBILE, F. Um zoneamento vitivinícola dinâmico para explorar a resiliência do conceito de terroir sob as mudanças climáticas. **Science of the Total Environment**, v. 624, p. 294-308, 2018.

CALDANA, N. F. D. S.; NITSCHE, P. R.; MARTELÓCIO, A. C.; RUDKE, A. P.; ZARO, G. C.; BATISTA FERREIRA, L. G.; MARTINS, J. A. Zoneamento de risco agroclimático do abacateiro (*Persea americana*) na bacia hidrográfica do rio Paraná III, Brasil. **Agricultura**, v. 9, n. 263, p. 1-11, 2019.

CALDANA, N. F. S.; RODRIGUES, L. ; FERREIRA, L. G. B. ; PINTO, L. F. D. ; RIBEIRO JUNIOR, W. A. ; AGUIAR e SILVA, M. A. Análise da Precipitação e da Estiagem na Mesorregião Centro Ocidental do Estado do Paraná, Brasil - Um Estudo Específico em setembro de 2020. **Caminhos da Geografia (UFU. Online)**, 2021.

CARAMORI, P. H.; CAVIGLIONE, J. H.; WREGE, M. S.; HERTER, F. G.; HAUAGGE, R.; GONÇALVES, S. L.; RICCE, W. D. S. Zoneamento agroclimático para o pessegueiro e a nectarineira no Estado do Paraná. **Revista Brasileira de Fruticultura**, v. 30, n. 4, p. 1040- 1044, 2008.

CHAVAS, J. P.; DI FALCO, S.; ADINOLFI, F.; CAPITANIO, F. Efeitos climáticos e seu impacto a longo prazo na distribuição dos rendimentos agrícolas: evidências da Itália. **European Review of Agricultural Economics**, v. 46, n. 1, p. 29-51, 2019.

CPTEC - Centro de Previsão de Tempo e Estudos Climáticos. **Meteostat** - Imagens de Satélite. DSA - Divisão de Satélites e Sistemas Ambientais. copyright 2010-2012 EUMETSAT. Disponível em: http://satelite.cptec.inpe.br/acervo/meteosat.formulario.logic. Acesso em: 13 out. 2020.

DEVAK, M.; DHANYA, C. T. Downscaling de precipitação na bacia de Mahanadi, Índia. **The International Journal of Civil Engineering Research**, v. 5, n. 2, p. 111-120, 2014.

FERREIRA, L. G. B.; CALDANA, N. F. S.; MARTELOCIO, A. C.; COSTA, A. B. F.; NITSCHE, P. R.; CARAMORI, P. H. Variabilidade pluviométrica e análise de riscos de períodos de seca na cultura da soja (Glycine max L.) no Oeste do Estado do Paraná, Brasil. **Revista Brasileira de Climatologia**, v. 27, p. 590-611, 2020.

FREITAS, R. M. O.; DOMBROSKI, J. L. D.; DE FREITAS, F. C. L.; NOGUEIRA, N. W.; PINTO, J. R. S. Crescimento de feijão-caupi sob efeito de veranico nos sistemas de plantio direto e convencional. **Revista Biociências**, v. 30, n. 2, 2014.

GORDON, A.; GRACE, W.; BYRON-SCOTT, R.; SCHWERDTFEGER, P. **Dynamic Meteorology**. Routledge, 2016.

IAT - Instituto Água e Terra (PR). **Sistema de Informações Hidrológicas - Relatório de Alturas de Precipitação.** Curitiba, 2020. Disponível em: < http://www.iat.pr.gov.br/Pagina/Sistema-de-Informacoes-Hidrologicas >. Acesso: 15 oc.t 2020.

IBGE - Fundação Instituto Brasileiro de Geografia e Estatística. **Estimativa populacional 2020.** Rio de Janeiro: IBGE, 2020.

IDR - Instituto de Desenvolvimento Rural do Paraná. **Dados Meteorológicos Históricos e Atuais**, Londrina, 2020.

INMET - Instituto Nacional de Meteorologia. **Banco de Dados Meteorológicos do INMET (BDMEP).** Brasília, 2020. Disponível em: < https://bdmep.inmet.gov.br >. Acesso: 12 out 2020.

INPE - Instituto Nacional de Pesquisas Espaciais. Divisão de Sensoriamento Remoto. **Banco de dados Geomorfométricos do Brasil**. 2011 Disponível em: <http://www.dsr.inpe.br/topodata/index.php>. Acesso: 10 out. 2020.

IPARDES - Instituto Paranaense de Desenvolvimento Econômico e Social. **Perfil do Estado do Paraná**. Disponível em: http://www.ipardes.gov.br/perfil_municipal/MontaPerfil.php?codlocal=702&btOk=o Acesso em: 09 out. 2020.

JACONDINO, W. D.; NASCIMENTO, A. L. D. S.; NUNES, A. B.; CONRADO, H. Análise Sinótica Do Mês De abril De 2018 Na Região Sul Do Brasil: Episódio De Calor Extremo. **Revista Brasileira de Climatologia**, v. 25, n. 15, p. 182-203, 2019.

KISAKA, M. O.; MUCHERU-MUNA, M.; NGETICH, F. K.; MUGWE, J. N.; MUGENDI, D.; MAIRURA, F. Rainfall Variability, Drought Characterization, and Efficacy of Rainfall Data Reconstruction: Caso do Leste do Quénia. **Avanços em Meteorologia**, v 2015, p. 1-16, 2015.

LEM, S.; ONGHENA, P.; VERSCHAFFEL, L.; VAN DOOREN, W. The heuristic interpretation of box plots. **Aprendizagem e Instrução, v.** 26, p. 22-35, 2013.

MIRANDA, G. V.; MACHADO, P.; BRAUN, E. M. W.; ALVES, M. E. V. B.; HUBNER, J. P. M.; RIBEIRO, A. R.; MIRANDA, G. V.; MACHADO, P.; BRAUN, E. M. W.; ALVES, M. E. V. B.; HUBNER, J. P. M.; RIBEIRO, A. R. Desempenho de híbridos de milho na segunda safra em baixa altitude no extremo oeste do Estado do Paraná. **Revista Brasileira de Desenvolvimento,** v. 7, n. 4, p. 34823-34836, 2021.

MUELLER, T. G.; PUSULURI, N. B.; MATHIAS, K. K.; CORNELIUS, P. L.; BARNHISEL, R. I.;SHEARER, S. A. Map quality for ordinary kriging and inverse distance weighted interpolation. **Soil Science Society of America Journal,** v. 68, n. 6, p. 2042-2047, 2004.

NITSCHE, P. R.; CARAMORI, P. H.; RICCE, W. D. S.; PINTO, L. F. D. **Atlas Climático do Estado do Paraná.** Londrina, PR: IAPAR, 2019. Disponível em: < http://www.iapar.br/modules/conteudo/conteudo.php?conteudo=677 >

PEEL, M. C.; FINLAYSON, B. L.; MCMAHON, T. A. Mapa mundial atualizado da classificação climática de Köppen - Geiger. **Hydrology and Earth System Sciences**, v. 11, n. 01, p. 1633-1644, 2007.

PRĂVĂLIE, R.; SÎRODOEV, I.; PATRICHE, C.; ROŞCA, B.; PITICAR, A.; BANDOC, G.; SFÎCĂ, L.; TIŞCOVSCHI, A.; DUMITRAŞCU, M.; CHIFIRIUC, C.; MĂNOIU, V. ; MĂNOIU, V; IORDACHE, S. O impacto das alterações climáticas na produtividade agrícola na Roménia. Uma avaliação à escala do país com base na relação entre o balanço hídrico climático e os rendimentos do milho nas últimas décadas. **Sistemas Agrícolas**, v. 179, p. 102767, 2020.

SALTON, F. G.; MORAIS, H.; LOHMANN, M. Períodos Secos no Estado do Paraná. **Revista Brasileira de Meteorologia**, n. AHEAD, 2021.

SCHNEIDER, H.; SILVA, C. A. da. O uso do modelo box plot na identificação de anospadrão secos, chuvosos e habituais na microrregião de Dourados, Mato Grosso do Sul. **Revista do Departamento de Geografia**, v. 27, p. 131-146, 2014.

SCORER, R. S. **Dynamics of meteorology and climate (Dinâmica da meteorologia e do clima)**. Chichester: Wiley, 1997.

SIFER, K.; YEMENU, F.; KEBEDE, A.; QUARSHI, S. Análise de períodos húmidos e secos para a tomada de decisões na gestão da água agrícola na parte oriental da Etiópia, West Haraghe. **International Journal of Water Resources and Environmental Engineering**, v. 8, n. 7, p. 92-96, 2016.

SIMEPAR - Sistema de Tecnologia e Monitoramento Ambiental do Paraná. **Condições do Tempo - Palavra do Meteorologista**. Curitiba, 2020. Disponível em < http://www.simepar.br/prognozweb/simepar/timeline_limited/palavr a_meteorologista_simepar >. Acesso: 01 mai. 2020.

TEIXEIRA, L. A. R.; JADOSKI, S. O.; FAGGIAN, R.; SPOSITO, V. Efeito de alterações climáticas na aptidão agrícola para cultivo de milho na microrregião de Guarapuava, Paraná. **Pesquisa, Sociedade e Desenvolvimento, v.** 9, n. 4, p. 5, 2020.

THORNTHWAITE, C. W.; MATHER, J. R. The water balance. Centerton: Laboratório de Climatologia. **Publicações em Climatologia**, v.8, n.1. 104 p, 1955.

Índice

Printed by Books on Demand GmbH, Norderstedt / Germany